VOYAGE A HUÉ

M. RICHAUD

GOUVERNEUR GÉNÉRAL DE L'INDO-CHINE

Saigon, le 9 octobre 1888.

Aussitôt qu'il a été nommé Gouverneur général de l'Indo-Chine, M. Richaud a tenu à se rendre à Hué pour étudier et trancher sur place diverses grosses questions touchant à l'avenir et au mode d'organisation du Protectorat.

Parti le 24 septembre de Saigon sur le bateau des Messageries *le Haiphong*, et après s'être entretenu à son passage à Nha-trang avec le Résident du Thuan-khanh, M. Brière, il arrivait le 26 à Tourane.

La canonnière *l'Alouette* devait le conduire à Hué et lui faire franchir la barre de Thuan-an, toujours fort difficile en cette saison.

M. Parreau, Résident général *p. i.*, était venu d'Hanoi à sa rencontre jusqu'à Tourane pour l'accompagner à Hué et prendre part, lui aussi, aux négociations qu'on allait entamer avec la Cour.

S. M. l'Empereur d'Annam avait envoyé à la rencontre de M. le Gouverneur général, pour lui souhaiter la bienvenue, le Ministre des Rites et une députation de hauts mandarins.

Le 27 septembre, à cinq heures du matin, *l'Alouette* levait l'ancre et à onze heures se présentait devant la barre qu'elle franchissait sans grandes difficultés, saluée par les canons du fort.

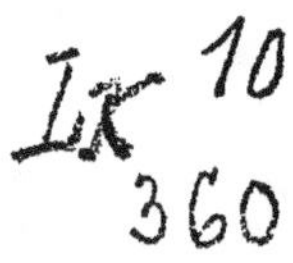

Les troupes d'infanterie de marine étaient rangées sur l'appontement de Thuan-an pour rendre les honneurs; mais M. le Gouverneur général, dès qu'il les aperçut, donna l'ordre qu'on les fît rentrer : la chaleur était torride, des insolations étaient à craindre. Les clairons du bord, avant même que *l'Alouette* eut jeté l'ancre, donnèrent, de loin, le signal pour rompre les rangs et renvoyer les soldats dans leurs cantonnements.

Aussitôt que *l'Alouette* eut terminé ses manœuvres de mouillage, un grand sampan à vapeur amena à bord le Résident de Hué, le Colonel commandant la brigade, S. E. le Kinh Luoc du Tonkin et une suite de mandarins; sur les bords de la lagune des sampans se tenaient immobiles, chargés de soldats royaux aux uniformes rouges, dont on voyait au loin les hautes lances s'aligner.

A deux heures on s'embarqua sur la canonnière *la Rafale*, et l'on se mit en route pour Hué en remontant la jolie rivière dont les bords, avec leur sombre verdure de bambous où s'abritent d'innombrables pagodes, offrent à l'œil un si ravissant spectacle.

En deux heures environ on est à Hué, et au détour du gros village de Ba-vinh, que les grandes jonques du Nghe-an et du Quang-nam chargées d'huile et de poteries animent d'une vie commerciale incessante, on aperçoit l'angle du grand carré de la Citadelle, et en face, sur l'autre rive du fleuve, entourée de quelques annexes en paillottes, une construction européenne isolée et massive au-dessus de laquelle flotte le drapeau français : c'est la Résidence, l'ancienne légation de France à laquelle s'attachent tant de souvenirs et que, dans la lugubre nuit du 5 juillet 1885, ont criblée les boulets annamites.

Sur les glacis de la Citadelle les troupes françaises sont massées et présentent les armes. Le Gouverneur en uniforme descend dans le canot qui l'attend et se rend à la Résidence au milieu d'une double haie formée par l'infanterie de marine, les chasseurs annamites et les soldats du Roi, qui se tiennent immobiles au pied de leurs oriflammes multicolores plantées en terre.

Les présentations commencent: le colonel Pernot est introduit suivi de tous les officiers de la garnison. Le Gouverneur, en quelque mots d'une affectueuse cordialité, les remercie de leur visite et plus encore de leur dévouement à l'œuvre de la pacification de l'Annam.

A peine arrivé il a d'ailleurs dépêché son chef de cabinet, M. Merlande, son chef d'état-major, le commandant Lange, pour annoncer son arrivée à Sa Majesté, s'informer de sa santé et lui demander une audience solennelle pour le lendemain.

Le Roi a été très sensible à cette démarche de courtoisie et n'a pas caché la satisfaction qu'elle lui causait.

L'audience solennelle a eu lieu le lendemain matin à huit heures.

Nous ne sommes plus au temps de Thu-Duc. La pauvre Cour d'Annam, éprouvée par de singulières infortunes, a bien perdu de son éclat et de la somptuosité de sa mise en scène. Tel qu'il est, aujourd'hui, le décor d'une grande audience royale demeure encore fort intéressant et curieux. Le Roi avait tenu à donner à celle dans laquelle il devait recevoir le Gouverneur général toute la solennité possible.

Dès la première heure, ses soldats se tenaient rangés dans l'allée de la Résidence et sur tout le parcours que devait suivre le cortège. Des porteurs abrités par les parasols royaux viennent attendre, pour les porter au Palais avec le soin respectueux qu'exige un fardeau de la sorte, les présents envoyés par M. Richaud à Sa Majesté.

A sept heures et demie le cortège officiel se met en marche et débarque à l'appontement royal. Tout le long du grand vestibule dallé qui conduit au mirador d'entrée, nos troupes d'infanterie de marine sont échelonnées et présentent les armes. On débouche dans cette immense cour du Palais où plusieurs régiments pourraient se mouvoir à l'aise, et la haie se continue formée par les tirailleurs annamites, les artilleurs, le génie, etc... Un peloton pénètre même au delà du mirador d'entrée et va s'y tenir massé, au port d'armes, pendant la durée de l'audience. Les susceptibilités formalistes, contre lesquelles avaient dû tant guerroyer nos premiers chargés d'affaires à Hué, ont depuis longtemps disparu. Le Gouverneur général et son cortège s'avancent et pénètrent par la grande porte du milieu, interdite jadis par les Rites aux Représentants de la France. A droite et à gauche les éléphants armés en guerre, avec leurs harnais rouges, montés par leurs cornacs, montrent leur masse immobile.

Le Kinh Luoc du Tonkin, accompagné du Ministre de la justice, se tient à l'entrée du mirador pour venir saluer le Gouverneur général et l'introduire. On traverse le joli pont aux rampes sculptées de chaque côté duquel s'étendent des pièces d'eau que recouvrent les larges feuilles de nénuphar. On passe sous les hauts portiques de bronze, dont les montants sont formés par l'enroulement de gigantesques dragons, et on arrive au seuil de la grande salle d'audience, le Tai-hoa. Au fond, sous un dais jaune et rouge se dresse le trône ; aux quatre coins de la salle, des mandarins tiennent les emblèmes royaux. Dehors et tout près des marches, les Ministres et les hauts dignitaires en grand costume de Cour, les mains fermées sur leur (plaque de maintien) demeurent respectueux et courbés, tandis que l'orchestre royal, composé de fifres, de tambours et de castagnettes de bambou, jette dans l'air ses échos bizarres et ses monotones mélodies.

Le Roi est sur son trône, vêtu d'une robe jaune et coiffé d'une sorte de casque, au sommet et sur les côtés duquel se balancent des perles montées sur de longs et légers fils d'or.

Le Gouverneur général s'avance, ayant à ses côtés le Résident général *p. i.*, le Résident de Hué, le Colonel commandant la brigade, ses chefs de cabinet et d'état-major, et adresse à Sa Majesté le discours suivant :

« SIRE,

« Appelé par la confiance de mon Gouvernement aux hautes
« fonctions de Gouverneur général de l'Indo-Chine, j'ai tenu à ce
« que l'un de mes premiers actes fût de venir saluer Votre Majesté,
« d'entrer en relations personnelles avec Elle et de lui renouveler
« les assurances d'affection et d'estime de la France pour sa
« Personne et pour son noble Royaume.

« Mon Gouvernement se préoccupe avant tout d'assurer la pros-
« périté et le développement progressif de l'Empire d'Annam.
« Pour obtenir ce résultat il ne recule devant aucun sacrifice et
« il s'impose encore, à l'heure actuelle, les plus lourdes charges
« pour faire respecter, avec son drapeau, votre autorité et procurer
« à tout votre Empire une paix durable et féconde.

« Nous avons encore bien des obstacles à vaincre, bien des
« difficultés à surmonter; mais, assurés du concours entièrement
« dévoué que nous prêtera le Gouvernement de Votre Majesté, nous
« avons la conviction de mener à bien l'œuvre que nous avons
« entreprise, et que nous poursuivrons sans que rien puisse nous
« détourner de la réalisation du programme que nous nous
« sommes tracé.

« Ce programme, Votre Majesté le connaît, c'est la pacification
« du pays et le développement de sa prospérité.

« Je saisis avec empressement cette occasion de présenter à Votre
« Majesté les vœux bien sincères que je forme pour son bonheur
« et celui de tous les membres de son illustre famille, et de Lui
« souhaiter un règne aussi long que prospère et glorieux. »

Le Roi a répondu par les paroles suivantes :

« Je remercie infiniment Votre Excellence de cette visite solennelle
« qu'elle a voulu me faire comme l'accomplissement de l'un de
« ses premiers actes dans l'Indo-Chine.

« Je prie Votre Excellence d'agréer mes sentiments de la plus
« profonde gratitude pour l'estime et l'affection que me porte le
« noble Gouvernement de la République.

« En ce moment mon Royaume est dans une situation fort cri-
« tique, mais puisque le Gouvernement de la République a confiance
« en Votre Excellence pour ramener dans Notre Royaume la pros-
« périté, la paix et la tranquillité, j'ai également pleine confiance
« en Elle et suis certain que la connaissance que possède Votre
« Excellence des hommes et des choses de ce pays et des intérêts

« bien entendus des deux Gouvernements, Lui permettra d'ac-
« complir la tâche qui Lui a été confiée. De notre côté nous
« mettrons tout notre dévouement et toute notre sincérité à
« travailler à l'œuvre commune.

« Je prie Votre Excellence d'être mon interprète pour présenter
« mes sincères vœux pour la santé de Son Excellence Monsieur le
« Président de la République et pour la prospérité et la gloire de
« la France.

« Je souhaite à Vos Excellences une bonne santé et une longue
« vie, afin que vous restiez le plus longtemps possible les pro-
« tecteurs de Notre Royaume.

« Voilà ce que mes sujets et moi avons tous à cœur. »

Le Roi, après que l'interprète eut achevé la traduction, est des-
cendu du trône, a serré la main au Gouverneur général, puis
l'a invité à venir avec les principaux fonctionnaires qui l'accom-
pagnaient prendre le thé dans ses appartements privés.

Le thé était servi dans la grande galerie qui sert d'ordinaire
aux audiences privées, et le Gouverneur général a fait alors
apporter, pour que Sa Majesté les pût voir de près, les divers présents destinés tant à elle qu'à la Reine-Mère. Le Roi a paru fort
apprécier la finesse des porcelaines de Sèvres qui figurent parmi
ces présents et a pris grand plaisir aussi à manier un très beau
fusil de chasse à double canon, sortant des ateliers d'un de nos
grands arquebusiers de Paris.

La conversation ayant été amenée sur notre industrie et la per-
fection de nos produits, Sa Majesté a renouvelé le désir déjà plusieurs fois exprimé par elle d'aller visiter notre Exposition univer-
selle de 1889, et a déclaré qu'elle n'attendait que l'invitation du Gouvernement de la République. M. le Gouverneur général a répondu
qu'il allait immédiatement écrire au Ministre pour qu'il fût donné
suite au désir du Roi.

Au sortir de cet entretien, dans lequel le jeune Roi a montré
une fois de plus les qualités aimables de son esprit et la haute
urbanité qui lui est coutumière vis-à-vis des Représentants du

Protectorat, M. Richaud a envoyé le télégramme suivant au Ministère :

« Sors audience solennelle du Roi. Dong-Khanh présente ses « hommages respectueux au Président de la République et pro- « teste de son dévouement à la France. »

———

Le Roi est venu en grande pompe à la Résidence rendre sa visite au Gouverneur général. Porté sur sa belle jonque royale laquée rouge que manœuvrent ses cinquante rameurs, il a abordé à l'appontement de la Résidence au bruit des salves que notre artillerie tirait en son honneur, et a pris place sur sa chaise de velours jaune que six porteurs ont transportée au pied du perron. Devant lui les eunuques agitaient des chasse-mouches et des éventails ; d'autres portaient des brûle-parfums d'où s'échappaient des vapeurs odorantes ; les bourreaux poussaient le long cri guttural qui annonce au peuple l'approche et la venue de la Majesté Royale.

Le Gouverneur général et le Résident général *p. i.* attendaient le Roi au bas des marches du perron, et l'ont reçu dans le grand salon de la Résidence où une collation avait été préparée.

Sa Majesté, vêtue d'un costume plus riche encore que le jour de l'audience solennelle, a pris un verre de champagne et bu à la santé du Président de la République et à la prospérité de la France. La visite s'est prolongée environ une demi-heure et le jeune Souverain a regagné son palais avec le même cérémonial majestueux qu'à son arrivée.

Le soir même Elle recevait à dîner le Gouverneur général, le Résident général, le Résident de Hué, le Colonel commandant la brigade, et les fonctionnaires civils et militaires faisant partie de la suite du Gouverneur.

Dong-Khanh a, dans un nouveau toast, affirmé une fois de plus son dévouement cordial à la France et sa sympathie pour ses Représentants. Le repas a été suivi de danses fort curieuses exécu- tées par de jeunes danseuses de la troupe du Roi avec une pré- cision et un ensemble que pourrait envier plus d'un de nos corps de ballet. Avec leurs petites lanternes entourées de papier rose et fixées sur chaque épaule, leur costume aux couleurs éclatantes et le rythme mélodique de leur chant sans cesse soutenu à l'unisson, l'enchevêtrement savant de leurs théories, ces enfants produisent un effet à la fois charmant et bizarre dont l'esprit garde longtemps le souvenir. C'est un des divertissements favoris du Roi et un de ceux qu'il semble le plus empressé d'offrir à ses invités.

M. Richaud a été admis en audience auprès de la Reine-Mère, la mère de Thu-Duc, qui est âgée actuellement de près de quatre-vingts ans. L'entrevue s'est accomplie selon le cérémonial en usage, et, après l'échange des compliments de bienvenue et des souhaits de santé, le store derrière lequel est assise sa Majesté Royale s'est levé pendant quelques secondes pour donner le temps de la saluer, puis est retombé de suite sur cette apparition sacro-sainte que de trop longs regards eussent pu profaner.

Dans deux audiences privées, M. Richaud a entretenu Sa Majesté de diverses questions et lui a demandé l'autorisation d'en aborder quelques autres avec le Conseil secret. L'accord s'est vite fait entre le jeune Souverain et le Représentant de la France, notamment en ce qui touche la mise en pratique de l'article 18 du traité de 1884, le droit de posséder des terrains à accorder aux Européens dans les ports ouverts et la constitution de « concessions françaises » où régnerait en maîtresse notre législation.

L'article 18 donnait bien aux sujets français le droit de posséder au Tonkin, mais il ne définissait pas sous quel régime serait placée la propriété.

D'après la loi annamite le propriétaire du sol n'est qu'usufruitier et le Roi reste propriétaire du fond, et peut toujours exproprier pour cause d'utilité publique et sans indemnité les détenteurs du sol. Or, comme nos nationaux ont tous acquis des biens des indigènes et que le Tonkin est un pays de protectorat, ils n'avaient que les droits que leur avait cédé leur vendeur, c'est-à-dire l'usufruit, et leurs propriétés restaient soumises à toutes les exigences de la loi annamite. On comprend dès lors combien ce caractère précaire de la propriété arrêtait l'essor des affaires. Le Gouverneur général a obtenu du Roi une ordonnance aux termes de laquelle les propriétés appartenant aux Français seront désormais régies par la loi française dans tout le Tonkin et les ports ouverts de l'Annam. La même ordonnance concède aux Français le droit d'acquérir des terrains en Annam, mais ceux-ci seront régis par la loi annamite. Le traité de 1884 était muet sur ce point. Voici le texte de cette ordonnance :

GRAND ROYAUME D'ANNAM

ORDONNANCE royale accordant aux Citoyens et Protégés français le droit de posséder en Annam et au Tonkin.

Le 26e jour du 8e mois de la 3e année de Dong-Khanh (le 1er octobre 1888) ;

Sur la proposition du Co-mat ;

Vu l'article 13 du traité du 6 juin 1884 édictant que les Citoyens et Protégés français pourront acquérir des biens et en disposer dans toute l'étendue des territoires du Tonkin et des ports ouverts de l'Annam ;

Voulant donner la plus large extension à ce droit de possession,

Nous décrétons :

Article premier. — Les Citoyens et Protégés français qui acquerront des biens sur les territoires du Tonkin et des ports ouverts de l'Annam en auront, par le seul fait de l'acquisition régulière, l'entière propriété dans les conditions prévues par la Loi française. Les acquisitions faites en vertu de cette Ordonnance seront, en outre, soumises aux règles spéciales que croira devoir tracer M. le Gouverneur général de l'Indo-Chine, auquel nous déléguons tous nos droits.

Art. 2. — Les Citoyens et Protégés français qui ont acquis, antérieurement à la présente Ordonnance, des propriétés sous le régime de la Loi annamite, devront, pour faire jouir leurs biens des avantages de la Loi française, se conformer aux prescriptions que tracera M. le Gouverneur général de l'Indo-Chine, auquel nous déléguons spécialement pour cela tous les droits que nous conféraient sur ces biens les lois et coutumes de Notre Royaume, notamment en ce qui concerne l'expropriation.

Art. 3. — Nous concédons, en outre, par la présente Ordonnance le droit aux Citoyens et Protégés français d'acquérir des terrains en Annam ; mais nous nous réservons d'accorder ces concessions suivant les conditions édictées par la Loi annamite.

Signé : DONG-KHANH.

La présente Ordonnance est rendue exécutoire.

Hué, le 3 octobre 1888.
Le Gouverneur général de l'Indo-Chine,
RICHAUD.

Pendant son premier séjour au Tonkin, M. Richaud a créé des municipalités à Hanoi et Haiphong ; il a demandé, pendant son séjour à Hué, au Roi de concéder à la France la pleine et entière possession du territoire de ces deux villes et d'un large périmètre autour ; le Roi y a consenti et a signé l'ordonnance que nous reproduisons :

GRAND ROYAUME D'ANNAM

ORDONNANCE royale relative à l'érection en concessions françaises des terrains d'Hanoi, Haiphong et Tourane.

Le 26e jour du 8e mois de la 3e année de Dong-Khanh (1er octobre 1888) ;

Vu l'article 18 du traité du 6 juin 1884 édictant que les limites des ports ouverts et des concessions françaises en Annam et au Tonkin seront établies dans des conférences ultérieures ;

Sur la proposition du Co-mat et après entente avec M. le Gouverneur général de l'Indo-Chine,

Nous décrétons :

Article premier. — Les territoires des villes d'Hanoi, Haiphong et Tourane seront érigés en concessions françaises et cédés en toute propriété au Gouvernement français par le Gouvernement annamite qui renonce à tous ses droits sur ces mêmes territoires.

Art. 2. — Les droits acquis antérieurement sont absolument réservés ; ils seront réglés par M. le Gouverneur général de l'Indo-Chine française en vertu des droits que nous lui déléguons spécialement à cet effet par Notre Ordonnance Royale de ce même jour, laquelle fixe définitivement le droit de possession des Français au Tonkin et en Annam.

Art. 3. — Ces territoires seront limités conformément aux plans ci-annexés ; l'abornement du périmètre de ces concessions sera fait par les soins des délégués de M. le Gouverneur général de l'Indo-Chine française et de S. E. le Kinh Luoc ; les procès-verbaux dressés après cette opération et contenant la description exacte des terrains concédés et de leurs limites seront déposés dans les archives de Notre Royaume et du Gouvernement général.

Signé : DONG-KHANH.

La présente Ordonnance est rendue exécutoire.

Hué, le 3 octobre 1888.

Le Gouverneur général de l'Indo-Chine,
RICHAUD.

Cette même ordonnance concède en Annam le territoire de la ville de Tourane.

Le port de Tourane est actuellement le plus important de la côte d'Annam, et est appelé à prendre un développement considérable. Desservant une des régions les plus riches de la péninsule à une centaine de kilomètres de Hué, la capitale, à laquelle il sert de port, il offre aux navires la dernière rade, le dernier abri que l'on trouve en allant du sud au nord.

Après Tourane, jusqu'au Tonkin, la côte se déroule sablonneuse, basse et ne s'ouvrant que pour laisser passer, à travers des bancs et sur des barres à peine recouvertes et se modifiant sans cesse, les eaux des rivières peu volumineuses qui descendent de la grande chaîne indochinoise. C'est, en outre, pendant la mousson de nord-est la plus violente des deux, le dernier port où l'on puisse relâcher en allant à Haiphong, sous peine de s'avancer trop vers l'ouest et d'éprouver quelques difficultés à venir naviguer à l'abri de l'île de Hai-nam.

Sous la domination annamite, avec le matériel de jonques qui faisait exclusivement le commerce de la côte, Tourane n'avait pas pris le développement auquel lui donne droit la merveilleuse disposition de sa rade, capable d'accueillir les plus grands navires modernes. Ce n'était pas un port plus important que la plupart des embouchures qui l'avoisinent.

Une colonie chinoise, cependant, s'était établie, non à Tourane, mais à Fai-foo, sur une rivière qui débouche à la mer, soit par le Cua-han (rivière de Tourane), soit par le Cua-dai, et les jonques qui fréquentaient cet entrepôt passaient, suivant leur convenance, par l'une ou l'autre de ces deux embouchures.

Cette alternative, possible pour les jonques, ne l'est pas pour les navires à vapeur qui ne peuvent pénétrer que dans la baie de Tourane. Aussi est-il à prévoir que la décadence de Fai-foo s'accentuera à mesure que se développeront les établissements de Tourane et les relations commerciales par les navires à vapeur de mer.

Pour assurer l'exécution de l'ordonnance relative au droit de possession d'après la loi française, le Gouverneur général a pris, sur la proposition du Résident général, un arrêté que nous insérons avec le rapport de M. Parreau :

Hué, le 4 octobre 1888.

M. Parreau, Résident général p. i., à M. Richaud,
Gouverneur général.

Monsieur le Gouverneur général,

Dès votre arrivée au Tonkin, vous vous êtes préoccupé de mettre un terme à l'état de confusion, d'incertitude et de précarité qui caractérise l'état de la propriété européenne dans ce pays. Les citoyens et protégés français ont en effet, d'après le traité, le droit d'acquérir au Tonkin et dans les ports ouverts de l'Annam ; mais ces acquisitions ne peuvent être faites qu'à la suite de transactions avec les sujets annamites, lesquels, en droit, ne possèdent pas le sol et n'ont qu'une sorte d'usufruit perpétuel jusqu'au jour où l'État se trouve avoir besoin de leur propriété ; ce jour-là ils sont expropriés purement et simplement, sans que la loi prévoie même une indemnité à leur allouer. Dans la pratique cependant ils sont indemnisés, mais suivant l'appréciation des agents du Roi et par des sommes insignifiantes.

L'indigène, en vendant sa propriété à un de nos compatriotes, ne peut donc lui céder autre chose que ce qu'il possède, c'est-à-dire cette espèce d'usufruit dont je viens de parler ; si bien que ce dernier, après avoir acquis un terrain de ses deniers et suivant les termes du traité, ne peut se dire aujourd'hui propriétaire foncier du sol dans les conditions où nous l'entendons généralement, c'est-à-dire dans les conditions de la loi française. Quoi qu'il en soit, on voit que sous ce régime la propriété est essentiellement précaire, et que le droit d'acquérir conféré à nos nationaux et protégés par le traité n'est pas entier, et a besoin pour produire tout son effet d'être complété par une disposition additionnelle consacrant l'abandon de la part du Roi d'Annam de tous ses droits fonciers. Est-il besoin de dire que cette précarité dans la possession trouble nos nationaux et est un des plus grands obstacles au développement de leurs entreprises ?

Cet état de chose, essentiellement fâcheux pour le propriétaire, qui ne sait trop sous quel régime il est placé, et pour l'Administration qui est exposée, en l'absence d'une réglementation suffisamment précise, à des revendications excessives, fait depuis longtemps, Monsieur le Gouverneur général, l'objet de vos préoccupations, et il entrait dans vos projets de profiter de la première occasion pour le faire cesser. Cette occasion vient de se présenter. Profitant de votre séjour à Hué vous avez obtenu de S. M. l'Empereur la renonciation à tous les droits fonciers qu'il pouvait avoir sur tous les biens qui ont été et qui seront acquis, dans l'avenir, au Tonkin et dans les ports ouverts par les citoyens et protégés français. Vous avez en outre obtenu l'érection en concessions françaises des territoires des villes d'Hanoi, d'Haiphong et de Tourane et des territoires qui les environnent. Vous avez ouvert la voie à ceux de nos nationaux qui voudront s'établir en Annam en dehors des ports ouverts. Nos nationaux vont donc pouvoir acquérir réellement, par le fait de la promulgation de ces ordonnances, et verront leurs propriétés définitivement assurées.

Il restait à régler une question très importante : celle du règlement des indemnités qui pourraient être dues aux propriétaires expropriés jusqu'à ce jour en vertu de la législation existante ; sur ce point vous vous êtes fait céder tous les droits que possède le Roi d'Annam, et vous m'avez invité à préparer un arrêté décidant que les droits de nos nationaux resteraient pleins et entiers, tels qu'ils étaient au moment de la promulgation de ces ordonnances, et que l'indemnité à leur allouer reste réglée par l'ordonnance royale du 10 juin 1886 et l'arrêté du 22 du même mois.

En procédant ainsi nous réservons donc tous les droits de nos nationaux tels qu'ils existent en ce moment. Je reconnais que sur ce point nous ne leur en créons pas de nouveaux, mais nous ne pouvions aller au delà sans léser les intérêts du Protectorat dont nous avons charge. A l'avenir, au contraire, les expropriations seront faites d'après la loi française.

L'arrêté suivant, que je soumets à votre signature, consacre les principes que je viens de développer et pose les règles d'ordre général qu'il convient de fixer pour assurer l'exécution des nouvelles ordonnances du Roi, conformément aux pouvoirs qu'il vous a délégués.

Les trois premiers articles ont pour but de donner à la propriété française tous les bénéfices et toutes les garanties de la loi française, et dans ce but déterminent le mode et la procédure à suivre pour la transformation des anciens titres en titres français.

L'article 4 règle les conditions d'expropriation des parcelles de terrains qui ont déjà été affectées aux édifices publics, de celles qui ont été expropriées pour l'ouverture de rues dans les villes d'Haiphong et d'Hanoi, ou qui le seront dans un délai de trois mois en vertu de délibérations des conseils municipaux de ces villes. Il consacre pour ces expropriations l'application des règles posées par l'ordonnance royale du 22 juin 1886 et l'arrêté du Résident général du 22 du même mois.

Enfin, l'article 6 établit qu'à l'avenir, au contraire, les expropriations ne se feront, pour les terrains soumis à la loi française, que conformément à la loi métropolitaine. Enfin, pour éviter tout malentendu à cet égard, l'article 7 stipule que les futures acquisitions par nos nationaux ne jouiront du bénéfice de la loi française qu'à partir de la date de l'enregistrement en chancellerie.

Je ne doute pas, Monsieur le Gouverneur général, que ces mesures ne soient considérées par la population française du pays comme un grand bienfait et comme une nouvelle preuve de la haute sollicitude dont vous l'entourez. Elles marqueront certainement une nouvelle étape dans la voie de la prospérité et du développement de la colonisation.

Le Résident général p. i.,
PARREAU.

ARRÊTÉ

—

Le Gouverneur général de l'Indo-Chine, Officier de la Légion d'honneur et de l'Instruction publique,

Vu les décrets des 17 octobre et 12 novembre 1887 organisant l'Indo-Chine française;

Vu les Ordonnances royales en date du 1er octobre 1888,

Arrête :

Article premier. — Les Citoyens ou Protégés français qui ont acquis des biens au Tonkin ou dans les ports ouverts de l'Annam antérieurement au présent arrêté devront, pour être admis à faire jouir ces biens du bénéfice de la Loi française, présenter leurs titres dans un délai de trois mois au Résident de leur province.

Art. 2. — Ces titres resteront déposés à la Résidence pendant trois mois. Des copies en seront affichées, aux frais du propriétaire, à la porte de la Résidence et de la maison commune du village où se trouve située la propriété. Après ce temps, si aucune réclamation ne se produit, les titres seront échangés contre un titre français qui conférera à la propriété tous les bénéfices et toutes les garanties de la Loi française. En cas de contestation, les tribunaux statueront et, sur le vu du jugement, le titre sera délivré. Les titres de propriété français reproduiront purement et simplement les conditions dans lesquelles la propriété a été achetée; mais l'Administration ne saurait être recherchée en aucun cas pour la délivrance et la valeur de ces titres.

Art. 3. — Les propriétaires dont les titres ont déjà été révisés par les commissions instituées par l'arrêté du 23 juin 1886 ne seront pas astreints à les déposer pendant trois mois, comme il est dit ci-dessus. Ils recevront immédiatement un titre définitif.

Art. 4. — Les parcelles de terrains qui ont été déjà expropriées pour l'ouverture de rues dans les ville d'Haiphong et d'Hanoi, et celles qui seront expropriées dans le même but, dans un délai de trois mois, sur la demande des conseils municipaux et en vertu de délibérations de ces assemblées, resteront soumises quant aux règles et au règlement des indemnités, prescriptions de l'Ordonnance royale du 10 juin 1886 et de l'arrêté du Résident général du 22 juin de la même année ; le délai de trois mois courra de la date de ces délibérations.

Art. 5. — Les propriétaires dont une parcelle de terre a été distraite avant la date du présent arrêté pour cause d'utilité publique ne pourront échanger leur titre que lorsque le règlement de l'indemnité qui leur est due aura été terminé ou lorsqu'ils auront déclaré renoncer à toute indemnité.

Art. 6. — A l'avenir, les expropriations de terrains soumis à la Loi française le seront suivant la législation métropolitaine, sauf les exceptions prévues à l'article 4 ci-dessus.

Art. 7. — Les Citoyens ou Protégés français qui acquerront des propriétés de sujets annamites devront les faire enregistrer en chancellerie et échanger le titre indigène contre un titre français. La propriété ne jouira du bénéfice de la Loi française qu'à compter de la date de l'enregistrement en chancellerie.

Art. 8. — Le Résident général est chargé de l'exécution du présent arrêté.

Hué, le 4 octobre 1888.

RICHAUD.

M. le Gouverneur général a pu et voulu se rendre compte par lui-même de la situation si anormale faite à nos troupes dans la citadelle. Il y avait trop longtemps que, malgré les réclamations des militaires et l'avis des Résidents, cet état de choses lamentable se prolongeait ; nos soldats et nos officiers disséminés dans cette immense citadelle, au milieu de taillis qui peu à peu ont recouvert les ruines, étaient une proie sinon facile au moins tentante pour un coup de surprise.

Assurément rien dans l'attitude du Gouvernement annamite ou

des indigènes ne peut faire envisager de pareilles éventualités ; mais la prudence commande de prévoir même l'impossible. D'autre part, il était à souhaiter que le Roi fût chez lui dans sa citadelle et que de son Palais on écartât le contact forcément bruyant des troupes européennes.

Le Gouverneur général s'est inspiré de ce double intérêt, et, après entente avec le Gouvernement annamite et l'Autorité militaire, a pris sur place des dispositions pour que, sans plus tarder, nos soldats puissent être concentrés au Mang-ca. Les casernements ne sont pas encore achevés, mais on s'installera provisoirement dans d'anciens magasins à riz qui vont être aménagés et dans les bâtiments d'une ancienne bibliothèque. Le Gouvernement royal concourt pour sa part aux dépenses d'aménagement.

Ainsi se trouve résolue une question intimement liée à la sûreté et à l'avenir de notre occupation à Hué. Tout en rendant aux Annamites dans leur citadelle une liberté d'action à laquelle ils ont droit, nous nous établissons dans une situation stratégique défiant par avance tous les dangers éventuels qui pourraient naître de cette liberté.

Le voyage du Gouverneur général à Hué aura donc été, en dehors des avantages politiques qui résultent toujours pour le Protectorat d'un entretien personnel avec le Roi, marqué par deux mesures excellentes : l'une ouvrant un champ d'action à notre colonisation en Annam et au Tonkin, donnant à nos nationaux le droit de posséder dans le périmètre des villes d'Hanoi, Haiphong et Tourane, droit sans lequel il n'y a pas d'avenir colonial possible ; l'autre assurant, par des garanties militaires, l'efficacité de notre influence à Hué.

Peut-être était-il temps que la politique des faits succédât à la politique de divisions et de doctrines. La colonisation ne sera pas seule à y gagner pratiquement. C'est l'idée même de la colonisation qui y gagnera devant l'opinion publique française, en pouvant montrer pour se défendre des résultats et des faits.

Le 2 octobre, veille de son départ de Hué, M. le Gouverneur général a été prendre congé de S. M. Dong-Khanh qui l'a de nouveau assuré de son entier dévouement à la France et l'a prié de présenter ses respectueux hommages à M. le Président de la République, pour lequel il lui a remis une lettre renfermée dans une boîte à son adresse.

M. le Gouverneur général, après avoir donné au Roi l'assurance que cette lettre serait remise à S. E. M. le Président de la République entourée de toutes les marques de respect dont sont l'objet en Annam les lettres émanant de l'autorité royale, remit la boîte à M. le commandant Lange, chef de sa maison militaire.

Au sortir du Palais les Annamites, à l'aspect de la boîte en laque qui contenait la lettre royale, se rangaient respectueusement comme s'ils se trouvaient en présence d'un talisman.

Une lettre du Roi d'Annam est en quelque sorte pour le peuple, privé par les rites de la vue de son souverain, comme une révélation de l'autorité royale ; aussi est-elle entourée des plus grandes marques de respect.

La lettre est ordinairement mise sous un dais portatif, et son passage est annoncé par des experts plusieurs jours à l'avance. Sur tout son parcours, les villages sont tenus, d'après le rituel en usage, de venir à sa rencontre pour la saluer au passage.

Le 4 octobre M. Richaud quittait Hué, arrivait le 5 à Tourane où il étudiait la question de l'établissement du port, et enfin, le 7 à midi il était de retour à Saigon.